漫谈土地

中国杭州低碳科技馆 ◎ 主编

U0226569

科学技术文献出版社
SCIENTIFIC AND TECHNICAL DOCUMENTATION PRESS
·北京·

图书在版编目（CIP）数据

漫谈土地 / 中国杭州低碳科技馆主编. —北京：科学技术文献出版社，2020.12
（2024.6重印）
ISBN 978-7-5189-6362-1

Ⅰ.①漫… Ⅱ.①中… Ⅲ.①土壤污染—污染防治—普及读物 Ⅳ.① X53-49

中国版本图书馆 CIP 数据核字（2020）第 001327 号

漫谈土地

策划编辑：张　丹　责任编辑：李　鑫　责任校对：王瑞瑞　责任出版：张志平

出　版　者	科学技术文献出版社
地　　　址	北京市复兴路15号　　邮编　100038
编　务　部	（010）58882938，58882087（传真）
发　行　部	（010）58882868，58882870（传真）
邮　购　部	（010）58882873
官 方 网 址	www.stdp.com.cn
发　行　者	科学技术文献出版社发行　全国各地新华书店经销
印　刷　者	北京虎彩文化传播有限公司
版　　　次	2020 年 12 月第 1 版　2024 年 6 月第 3 次印刷
开　　　本	710×1000　1/16
字　　　数	78千
印　　　张	6.25
书　　　号	ISBN 978-7-5189-6362-1
定　　　价	32.00元

前言

我们把大地比喻为母亲，因为土地是人类生存的基础。千百年来，我们的先民在地球的土地上筚路蓝缕、披荆斩棘，创造了光辉灿烂的人类文明。土地之上的万物，土地之中的物质，土地之下的矿藏，人类从"大地母亲"那里获取了衣食住行的各项所需。就像空气、水、阳光一样，没有土地，人类就无法生存。我们就像孩子一样，有着理想，有着渴望，无论是深海潜航，还是太空行走，"大地母亲"永远都是我们人类探索的起点、支点、着点和落点。

天行健，君子以自强不息；地势坤，君子以厚德载物。我们脚下的"大地母亲"，有着包容万物的胸怀，有着宽厚仁爱的气度，默默无闻，容纳一切，滋养万物，却从不求回报。人类应该像孩子一样，向她学习，增厚美德，容载万物。

然而，人类有时却像淘气的孩子，贪婪无度地向"大地母亲"索取着自己的所需。在遥远的极地，冰山一块块崩塌和消融，就像母亲无尽流淌的泪水；土地沙化，森林萎缩，物种一天天在灭绝和消亡，就像母亲逐渐病

弱的身体……

　　土地和我们息息相关，已经成为影响人类可持续发展的世界性重大问题。我们脚下的土地从何而来，为何能有如此丰富的物产，为什么看起来是这样的色彩绚烂，现在又受到怎样的破坏，人类该怎么办呢？

　　让我们一起开始漫谈土地之旅吧！

目 录

第一章　土　地

① 我们脚下的大地是如何形成的？

说到陆地是如何形成的，大家一定都听说过盘古开天辟地的故事。

远古的时候，天地还没有分开，宇宙到处混沌一片。人类的始祖盘古就孕育在其中，他在其中沉睡了 18 000 年。当他睁开眼睛，发现四周一片黑暗，于是他就拔了一颗自己的牙齿，把它变成了一把巨斧，然后抡起来用力劈砍，混沌的世界开始有了分别：轻而清的物质缓慢上升，变成了天空；重而浊的物质缓慢下沉，变成了大地。

盘古开辟了天地后非常高兴，但是他害怕天和地再重合在一起，就开始用头顶着天，脚踩住地。他每天增高一丈，天就会增高一丈，地也会增厚一丈。很久很久以后，盘古就变成了一个顶天立地的巨人，天和地也稳定下来了，不会重合在一起了。这时，盘古已经筋疲力尽，他巨大的身躯倒下了。

盘古呼出的气息变成了吹动的风和飘动的云；发出的声音变成了隆隆的雷声。盘古倒下后，他的左眼变成了太阳，他的右眼变成了月亮；他的四肢变成了大地上的东、西、南、北 4 个方向；他的肌肤变成了辽阔的土地；他的血液变成了奔流不息的江河；他的汗毛变成了茂盛的花草树木；他的汗水变成了滋润万物的雨露……

盘古不仅开辟了天地，更用自己的身体创造了美丽的大自然。

其实，我们居住的星球起源于 46 亿年前。40 亿年前，地球表面出现了由岩石构成的地壳。从地壳底部到约 2900 千米深处的区域是地幔，从地幔的底部直到地心的区域是地核。温度由外到内越来越高。在地幔的范围内，都是高温熔融的岩浆。而岩石形态的地壳，则"漂浮"在地幔之上。

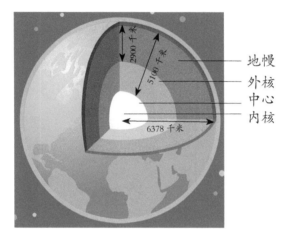

应该说，陆地的形成不是一个独立的过程，而是和海洋、地壳运动、大气环境相互作用、互相影响的结果。

最初的地球表面温度高于水的沸点，水都以水蒸气的形态散布在原始大气中。随着时间的推移，地表不断散热，水蒸气被冷却凝结成了水。到了距今 36 亿年前，原始的地球表面逐渐被水层覆盖，形成了遍布全球的原始海洋。

地球冷却的过程，导致地球表面不断收缩，发生凹凸，并使不太坚固的硬壳出现了破裂。于是，地球内部熔融的岩浆便沿着裂缝喷涌而出。岩浆遇冷固化成岩石，日久天长，越堆越高，形成了高出原始海洋的火山岛。相邻的岛屿不断扩大，最终拼接成了一块块较大的陆地。

今天，我们脚下的陆地，依然在不停地运动着，会"分久必合，合久必分"。

1912年，德国地球物理学家魏格纳提出了著名的"大陆漂移"假说：如今围绕着大西洋的几个大陆，其实是在数亿年前由一个名叫"联合古陆"的超级大陆破裂分离出来的。

岩石圈被分为诸多板块，它们"漂浮"在地幔顶部的软流圈上，就像碎裂的冰块漂浮在水面上，每年以几厘米的速度移动。

科学家估算，根据地球以往的历史，现今的大部分大洲也许在5000万年或者2亿年后，会重新聚集在一起，形成一个新的超大陆，称为"美亚大陆"。

② 我们居住的星球为什么叫作"地球"?

我们居住的星球又被称为"蓝色星球"。那是因为地球表面将近71%的地方被海洋覆盖,光线经过海水的折射和散射呈现蓝色。地球是一颗名副其实的"水球",从太空俯瞰,蔚蓝一片。

"土"在古埃及、古印度、古希腊及古代中国的文化中,都是构成自然的最重要的基本元素之一。

古代人类主要生活在陆地上。他们并不知道地球的形状,笼统地称自己所居住的地方为"地"。我国古代还有"天圆地方"的说法,古人并不了解地球的整体面貌,以为海洋就是陆地的边缘,甚至认为自己居住的地方就是陆地的中心。

英语中,地球称为"earth",来自古英语"eorðe",用于表示土地、泥土、陆地及人类世界。

科学探索不断深入，地理发现不断延伸，没有改变人类对脚下这片土地的热爱，依旧将这个养育人类的"蓝色星球"命名为"地球"。

土地对人类至关重要。人们将大地比喻为"母亲"。英语中，祖国也被称为"motherland"，意为母亲之地。

人类从土地中得到赖以生存的衣食住行的基本条件。我们日常所需的食物，需用"沃土"来种植；我们居住的房屋，除了岩石，还需要烧土制砖，搅拌"混凝土"。

土地为我们提供了日常生活必不可少的能源，煤炭就是其中的典型代表。土地中富含的各种矿藏，也为我们的生产生活提供了大量资源。

土地成为人类"狂热"追求的对象，胜过地球上所有事物。

人类宗教史上对"应许之地"（promising land）的描述，激发了人们对美好生活的向往，也让后世的人们产生了纷争。

无数诗人的"眼里常含泪水"，因为他们"对这土地爱得深沉"。

为了获得更大的生存空间，获取更多的资源，人们需要"开疆扩土"，甚至不惜牺牲其他族群、破坏自然；同样地，为了捍卫自己的"领地"，人人"守土"有责，不惜肝脑涂地、赴汤蹈火。

没有适宜的土地，人类就不能生存，就像需要阳光、雨露、空气一样，倘若失去了土地，人类就会陷入身无立锥之地的悲惨境遇。

古往今来，多少人类文明，因土地而兴盛，也因土地而衰亡。古丝绸之路上繁星点点般的文明遗迹，依然提醒着人们，要对自然充满敬畏。因为在地球母亲面前，我们依然渺小，甚至迷茫。

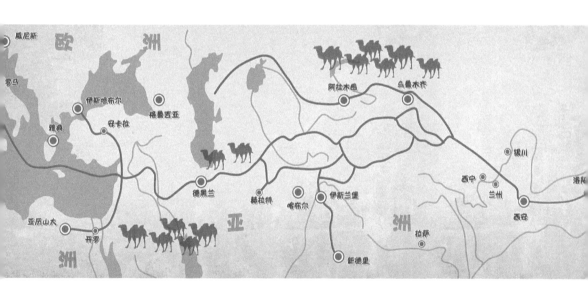

③ 土壤的颜色为什么各不相同？

　　在北京天安门广场西北侧的中山公园里，有一个社稷坛，上层是用五种不同颜色的土壤铺填而成的，所以又被称为"五色土坛"。坛里的土壤分别按照方位排列：东方为青色土，南方为红色土，西方为白色土，北方为黑色土，中央为黄色土。

　　五色土的分布虽说和道教阴阳五行的学说有关，但和我国土壤的分布基本吻合：我国东部多为河流沉积物形成的土壤，呈青灰色；南部多为红壤，呈红色；西北部多为干旱土和盐碱土，呈白色；东北部的"黑土地"，呈黑色；中部的黄土高原，呈黄色。"五色土坛"其实是我国土壤资源分布特点的缩影。

　　地球刚刚形成的时候，表面都是滚烫坚硬的岩石，并没有土壤。

　　随着地球的逐渐冷却，岩石表面出现细小的裂缝，并且碎裂出小块的岩石。岩石随着水流相互碰撞，缓慢打磨，形成了光滑的鹅卵石，而掉下来的小碎片，变成了沙砾。同样地，冰川运动也会磨碎岩石，产生大量的岩石碎片。在外力条件的作用下，沙砾和碎片进一步破碎，变成了碎屑尘土。

　　它们为土壤的形成提供了"母质"。

　　4亿多年前，地球上的生命开始出现。生物死后，留下的有机物和这些岩石碎屑尘土混合，逐渐形成了土壤。这些土壤被风吹起，随着雨水和河水流向地球表面的各个角落。

世界上并不是只有一种土壤，不同的地方有着不同类型的土壤。不同地区由于形成土壤的母质、水分、气候条件及生活在土壤中的有机生物不同，土壤的类型差异较大。

在我国，土壤类型就多达60余种：东北平原的黑土、西北高原的黄土、江南水乡的水稻土、南方丘陵的红壤、四川盆地的紫色土、内蒙古草原的钙层土、新疆地区的干旱土、青藏高原的高山土壤及南海诸岛的"鸟粪土"等。

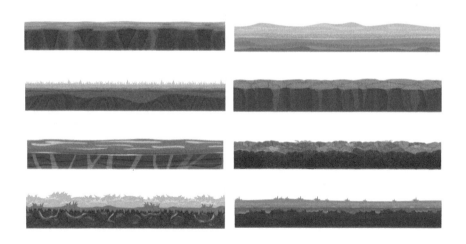

土壤的颜色与土壤中含有的化合物种类有着密切的关系。

早在石器时代，人们就从碾碎的土壤中获取了不同色彩的颜料，通过混合又得到了更多的颜色，他们用手指或者木棍蘸着颜料在洞穴的岩壁上作画。

古代人类用黏土制成的容器来装东西，在这个过程中，他们还发现黏土制成的容器经过火烧后会变硬，于是，陶器便产生了。

今天我们用来写字的铅笔，笔芯其实跟"铅"没什么关系，它是由石墨和黏土混合制成的。黏土含量越多，笔芯就越坚硬。

"多彩"的土壤不仅展现了大自然的美，还为人类奉献了自己丰富的蕴藏。

④ 土壤中为什么会有重金属?

20世纪初,在日本的富山县,不少当地人得了一种怪病:一开始患者只是劳累之后感到腰、背、膝等关节疼痛;病痛持续几年之后,患者行动变得困难,甚至连呼吸都会带来难以忍受的痛苦;发展到后期,患者四肢弯曲,脊柱变形,骨质松脆,就连咳嗽都能引起骨折。由于患者终日喊痛不止,因而取名为"痛痛病"。

经过长期的调查和研究,人们最终发现,引起"痛痛病"最主要的因素是镉在人体内富集。土壤为农作物生长提供环境,如果土壤受到了污染,污染物就会通过农作物,进入人体,从而危害人们的健康。在日本富山县,当地居民同饮一条叫作神通川河的水,并用河水灌溉两岸的庄稼。后来日本三井金属矿业公司在该河流上游修建了一座炼锌厂。上游炼锌厂未经处理的废水直接排入河流中,含镉的水浇灌了农田,造成了严重的土壤重金属污染。当地居民长期食用"镉米"从而引发了这种"痛不欲生"的病害。

人们通常以为,正常的土壤里面是不含重金属的,重金属都是由于污染造成的,事实并非如此。土壤中的重金属,有些来自大自然,因为在形成土壤之前,很多岩石中就含有大量的重金属。"母质"中的这些重金属,就会留在后来形成的土壤中,造成大自然土壤中的重金属含量过高。

然而，近几十年来，因人类活动造成的重金属污染却越来越严重。开矿和冶炼而产生的镉、皮革制造业产生的铬和铅蓄电池业产生的铅等，在工业生产过程中通过水流、大气等方式，最终都沉积到了土壤中，造成了严重的土壤重金属污染。

除此之外，农业生产也会导致土壤的重金属污染。一些产地的磷肥中含有较多的镉，不合理的施肥会造成土壤镉含量上升；砷是一些农药的成分之一，农药的过量使用会造成土壤中砷含量过高。

人口急剧增长，工业迅猛发展，固体废物不断地在土壤表面倾倒和堆放，有毒有害废水不断地向土壤中渗透，大气中的有害气体和微尘也不断地随雨水降落到土壤中，造成土壤污染，妨碍土壤的正常功能。土壤一旦被污染，通过自净能力完全复原周期长达千年。生长在土壤中的植物就会被间接污染，当人们将这些植物的果实和根茎作为食物时，就会危害到人体的健康。当其他食草性动物吃了这些被污染的植物时，也会患各种疾病。因此，生物圈内的食物链就会被破坏。没有健康的土壤，地球上的生命将不再持续。

⑤ 为什么土壤里会有这么多蚯蚓？

俗话说："万物土中生。"我国古书《说文解字》中记载："土，地之吐生万物者也；壤，柔土也，无块曰壤。"土壤由于富含多种矿物质养分、有机物质、水分和空气，因此成为许多生物的栖息地。很多生活在土里的小动物和微生物，还能帮助形成土壤，并不断改良土壤。蚯蚓就是一个非常好的例子。

蚯蚓是土壤中生物量最大的无脊椎动物之一，它对土壤的作用，很早就引起了人们的重视。古希腊先哲亚里士多德将蚯蚓称为"地球的肠子"。

蚯蚓以土壤中的有机物为食物，经过消化吸收后，再将有机物分解为腐殖质排出体外，大幅地促进了土壤中有机残体的降解和腐殖质的富集，增加了土壤中的有效养分含量。它们在寻找食物或者呼吸透气的过程中，不停地在土壤中穿行，从而形成了大大小小的空隙，改善了土壤的团聚体结构。因为具有这些功能，蚯蚓被称为"土壤生态系统工程师"，达尔文更是称赞它为"地球上最有价值的动物之一"。

健康的土壤都是生机勃勃的。土壤中还生活着大量种类繁多、形态各异、色彩斑斓的土壤昆虫。我们很难发现它们，因为这些土壤昆虫的个头都很小，大多数的体长只有 1 ～ 2 毫米，有的甚至只有半毫米。它们躲藏在土壤颗粒之间的缝隙里，需要借助放大镜甚至显微镜才能看到。

以跳虫为例，它们多达 8000 多种。在温带阔叶林，每平方米的土壤中就生活着多达 10 万只跳虫。它们体型不大，在土壤颗粒之间钻来钻去，以真菌菌丝和枯叶为食，并将其分解，客观上增加了土壤的肥力。

土壤中还有许多需要借助显微镜才能发现的微生物，如细菌、藻类、霉菌和病毒。细菌是单细胞微生物，它们能分解有机物，还能把空气中的氮气转化成植物生长所需的氮元素，对土壤的健康非常重要。

土壤还吸引着小动物前来觅食和筑窝。我们最熟悉的鼹鼠和兔子就住在地下的隧道和洞穴里。它们吃植物，植物又靠吸收动物粪便和残骸中的有机物来生长。

土壤里各种生物互相依存，时时刻刻都发生着密切的联系，组成了一张"土壤食物网"。没有土壤，这些生物将无家可归。土壤，是真正的"生命之家"。

第二章　耕　地

① 火星上的土地也能耕种吗？

2015 年，美国 20 世纪福克斯电影公司拍摄过一部名叫《火星救援》的科幻冒险片。电影里的主人公马克在登陆火星后遭遇巨型风暴，与团队失联，被误认为无法生还而被留在了火星，成了"太空鲁滨孙"。

好在主人公天性乐观，是一位植物学家，主要研究水文土壤学和环境学。他在孤身一人、食物只够 1 个月的情况下，用自己的粪便给火星上的土壤施肥，并借助火箭燃料获得了液态水，种植土豆，对手头的所有材料都物尽其用，这才得以存活，并最终得到了救援，返回地球。

很多人认为，在地球上，只要有土地，就可以进行耕种，其实并不尽然。我们之前介绍过，土地并不等同于土壤。最初的地表岩石经过风化作用，化整为零，由大变小，形成了土壤的母质。随着微生物、植物、动物的繁衍生息，在相互的作用下，越来越多的"土壤有机质"积累起来，土壤才得以真正的形成。

地球上但凡有土壤的地方，基本上都有植物生长。有机质多的土壤，比较适合耕作农作物。一般而言，土壤颜色比较黑的，有机质含量比较多。我国东北平原的"黑土地"，有机质含量很高，营养物质丰富，肥沃得都能"攥出油来"。东北也是我国著名的粮仓，俗称"北大仓"。

耕地对人类社会的食物供应至关重要。地球上 70 亿人口吃的粮食，基本要靠陆地上的耕地提供。如果没有土壤，食草的动物就没有食物来源，我们也就吃不到肉了。

探索火星并在火星上居住一直是人类的梦想。如果可以在火星上种植农作物，那将解决未来"火星居民"的食物来源问题。

美国宇航局的科学家们表示，未来可以在火星上种植的农作物不单单只有土豆。科学家们已经在实验室里利用模拟的火星土壤种植了数十种农作物。实验人员还种植了紫罗兰等其他植物，用来吸收火星土壤中砷、汞、铁等重金属，从而起到净化土壤的作用。

最新的研究还表明，火星表面存在季节性的液态水及冰冻水，而且火星的土壤中含有硝酸盐，这是一种很好的肥料。火星稀薄的大气中含有许多二氧化碳，植物可以借助它们从太阳那里获取能量进行光合作用，吸收二氧化碳并释放氧气。

相信在不远的将来，人类就会实现在火星上耕种、安居乐业的美好梦想。

② 农耕是如何起源的？

说到人类耕种农作物的历史，大家一定听说过"神农尝百草"的故事吧。

远古的人类，靠采野果、猎鸟兽来获取食物，过着饥一顿饱一顿的生活。有时候，人们吃了不该吃的东西，轻则卧床不起，重则中毒身亡；还有的时候，人们得了疾病，不知道该怎么办，只能靠自己的抵抗力，有的只好等死。

神农氏看在眼里，愁在心里。他决心尝遍百草，分辨出哪些是粮食可以吃，那些是草药可以治病。他跋山涉水，走遍山川大地，历经千辛万苦，几乎嚼尝过了所有植物，最危险的时候，"日遇七十二毒"，最后因尝断肠草而逝世。

他尝出了小麦、水稻、黄米、小米、大豆可以充饥，就教人们进行种植，这就是后来的五谷，因此被后世尊为中国农业之神。他还尝出了365种草药，写成了《神农本草经》，为天下百姓治病，被我国先民封为"药神"。

为了纪念神农尝百草、造福人间的功绩，老百姓把我国的川、鄂、陕交界（传说是神农尝百草的林区）取名为"神农架"。如今，这里已经成为国家级自然保护区，用以保护日益脆弱的生态系统及特有的珍稀动植物物种。

　　农耕的起源是一种漫长的演化过程。在我国，从黄河流域到长江流域，这片莽莽大地是肥沃的田园。如何获得稳定而可靠的食物来源成了农耕起源的动力。

　　远古的人类，长期采集野生植物，在这个过程中，逐渐掌握了一些可食植物的生长规律。他们将采集的野生谷物撒在地上，让其自然生长，到了成熟的时候再去摘取。于是，产生了原始农业。原始农业发展以后，人们在种植粮食的同时也尝试栽培麻、葛等纤维作物，逐渐学会了利用植物纤维纺织布料制成衣服。

　　种植需要大量的土地，最原始的办法就是先把地上的树木全部砍倒，再用火焚烧这些已经枯死或风干的草木。这样，一片原始的"耕地"就清理出来了。人们将农作物种下，草木燃烧后的灰烬就是肥料。当这片土地的肥力减退时，人们就去开发新的一片耕地。由此，人类进入了"刀耕火种"时代。

　　随着人口的增长，耕地资源的稀缺，原始农耕方式已经无法满足人类对农作物的需求。

　　人们开始给土地施肥，增加土壤里营养物质和有机物的含量，增强土地肥力，清除杂草，防治病虫害，兴修水利，推行灌溉，希望在有限的耕地上，最大限度地提高农作物的产量。农业开始进入"精耕细作"的时代。

③ 农田为什么会结块?

如果你干过农活，或者养过花花草草，也许你会发现，土壤会发生结块的现象。时间久了，农作物或者花花草草就会生长不良。

其实，这种现象叫作"土壤板结"。土壤结成了板块的形式，又硬又干，透气性很差，水分也保留不住。这样的情况一旦发生，别说是农作物和花花草草了，就连杂草也很难生长。

如果我们仔细观察一块健康肥沃的土壤，就会发现土壤中有很多由土壤单粒黏结在一起形成的团聚体结构。这样的团粒结构，是由腐殖质、微生物的分泌物、黏粒矿物等物质胶结而成的，之间有很多小孔隙和大孔隙，小孔隙保持水分，大孔隙保持通风。拥有较多团粒结构的耕地土壤，能够确保植物根系的良好生长，适合农作物的栽培。

当土壤中的有机质含量丰富，微生物活跃，团粒结构就较好；一旦土壤中的有机质含量变低，微生物活性就会变差，从而影响团粒结构的形成，土壤的"毛细"被破坏，导致土壤板结，严重影响农作物的生长。

农田板结现象的出现与耕作方式有很大关系。

为了让农作物长得更快，人们会向农田大量施用氮肥等化肥。植物的快速生长，也使得土壤中的有机质和营养物质快速消耗。土壤有机质下降，腐殖质得不到及时地补充，微生物的活性丧失，团粒结构就会难以形成。原本肥沃、松软的田地，渐渐地会出现板结、龟裂等现象。

此外，浇水灌溉的水质过硬，也就是钙、镁离子等过多，长期浇灌会使得土壤出现"钙化"等现象，使农田板结变硬。

地膜覆盖及营养袋育苗等栽培技术的全面推广应用，在提高农作物产量的同时，也导致大量塑料胶状物残留在土壤中，形成有毒物质，破坏了土壤结构。

日益严重的污染，导致各种有毒物质渗入地下水，进入河流等灌溉系统，当积累过量时，会引起农田表层土壤的板结。

农田生病了，就需要开展"保健"活动，防止向土壤任意排放各种污染物质的废物，同时给土壤补充营养，对土壤进行包括有机物、有益微生物、营养元素等在内的全营养施肥，优化土壤的团粒结构，为农作物的生长创造良好条件。

④ 怎样才能"用之得宜，地力常新"？

中国自古就将农业作为立国之本。常言道："民以食为天，食以土为本。"可见，耕地对于人类赖以生存的食物供应至关重要。

古人称土神为"社"，称谷神为"稷"，每年都要行春祈秋报的古礼，祭祀"社稷"。春耕之前祈求保佑，秋收之后报答恩赐，为的就是风调雨顺、五谷丰登。之前我们提到的北京那座俗称"五色土"的社稷坛，就是明清两代帝王祭祀社（土）神和稷（谷）神的地方。

前文说过，远古人类采用"刀耕火种"的农业方式，砍倒一片树林，再点火烧荒，然后耕地、播种、收获。地力耗尽就只得抛荒，继续开荒扩土，重新播种，等待收获。人少地多的年代，还可以勉强为继。当人口数量迅速增长，地少人多的时候，"刀耕火种"就难以为继了。

耕地要想能养活更多的人口，只有"精耕细作"了。

历史悠久的"桑基鱼塘"，就是一种最具中国南方特色的农业可持续发展模式。

中国自古就有种桑、饲蚕、织丝的传统。劳动人民在长期种桑养蚕的实践中，发现养蚕的蚕沙（蚕粪）可以喂鱼，鱼塘的塘泥可以为桑树提供肥力，桑叶可以用来养蚕。于是，掘池养鱼，塘基植桑，桑叶养蚕，蚕沙喂鱼，塘泥肥桑……

人们还摸索出了植桑养蚕蓄鱼的生产规律，根据时节的变化统筹安排农事活动：正月、二月管理桑树，放养鱼苗；三月、四月为桑树施肥；五月养蚕，蚕沙喂鱼；六月卖茧；七月、八月鱼塘清淤，用塘泥培固塘基；年底几个月除草喂鱼……

"用之得宜，地力常新"，极具智慧的"桑基鱼塘"传承至今，堪称中国精耕细作、低耗高效的农业典范。

然而，在过去的几十年里，为了提高农作物产量，人类开始大量地使用化肥、农药、杀虫剂。虽然获得了一时的收益，但却违背了自然规律。于是，恶果出现：土地板结，土壤污染，农作物含有化学残余……

不尊重可持续发展的种植方式，正大量消耗着各种资源，加剧了气候变化和土壤退化，严重地威胁着全球农业生产。

"地力常新"，实现耕地资源的可持续利用，成为农业发展的目标；而"用之得宜"则是人们高效合理利用土地资源的方式、方法。

遵循自然规律，因地制宜，把现代科学技术和管理方式与传统农业生产和土地利用的经验相结合，成了农业可持续发展的唯一道路。

⑤ 耕地资源日益稀少，人类何去何从？

随着人们生活水平的不断提高，人们对食品质量的要求也逐渐提高，高蛋白食品的需求越来越大。而生产高蛋白食品，则需要大量的谷物。例如，生产1升牛奶需要消耗0.34千克谷物，生产1千克牛肉需要消耗8~20千克谷物。农业粮食产量势必需要大幅提高，耕地的负担将变得更加沉重。

另外，城市的发展正不断地侵占大量的可耕地，日益严重的污染问题也使未来可以用于耕种的土地面积在不断减少。

面对与日俱增的食品供应压力，不断减少的耕地资源，人类又将何去何从？

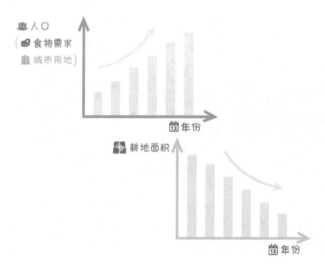

曾经，为了发展农业，有人严重脱离客观实际，夸大了主观能动性，违背了客观事物的发展规律，造成了非常严重的影响和后果。

如今，面对来自农业可持续发展的压力，人类探索规律、掌握规律、利用规律的雄心壮志，正大幅地提高农作物的平均产量。

生态农业，采用因地制宜的方法，合理利用农业自然资源和保护良好的生态环境，通过适量施用化肥和低毒高效农药，同时又保持精耕细作、施用有机肥、间作套种等优良传统，正在改变着农业生产的模式。

全球 57 个发展中国家的生态农业项目取得了明显成果，平均产量提高了 80%。在非洲的一些项目中，农作物平均产量提高了116%。科学家估计，通过生态农业的生产方式，小规模农业生产可以在 10 年内将农作物产量提高 1 倍。

生物技术也将大幅提高农作物的产量和质量。生物技术引发的农业革命，不仅可以节约大量耕地，而且还能解放劳动力。

未来，在实验室的罐子里就可以批量生产出柑橘，从而节约大量土地。在宽敞明亮的工厂里，工人站在无菌生物反应器面前，轻轻按一下电钮，味道鲜美的橘子汁及其他食品饮料就可以流出。

当地球上耕地资源日益稀少的时候，人类还将目光投向遥远的太空。前面提到过，科学家已经开始利用模拟的火星土壤进行种植，并获得了成功。将来，利用星际物质、太空站及其他星体上的资源也可以生产出各种食品。

人类的科学认识和技术发展正在逐步实现着以往不可能完成的目标。

第三章　林　地

1 "独木"如何"成林"？

俗话说，"独木不成林"，是指一棵树木无法成为一片森林，用来比喻一个人无论多能干，毕竟力量单薄有限，没有团队的协作和努力，很难成功。

其实，在自然界，还真有"独木成林"的奇特现象！

在中缅边境的西双版纳，就有一个"独木成林"景区。那里有一棵榕树，存活了900多年，它的树高有50多米，共有34条根立在地面上，面积达到了2000多平方米，枝叶繁茂，与根交织在一起，郁郁葱葱，生机盎然，看起来和稠密的丛林没有区别，打破了"独木不成林"的俗语，成为热带雨林中的一大奇妙景观。

科学家们发现，只有榕树才能做到"独木成林"。原来，榕树除了有一条深入地下的树根之外，还能从树干或者树枝上生长出"气生根"。这些"气生根"逐渐垂伸到土壤之中，越长越粗，最后变得和树干很相似，看上去就像很多棵大树聚集在一起。人们还把这些深入泥土之中、长得像树干、对大树躯干的稳固起到支撑作用的"气生根"称为"支柱根"。

　　自然界还充满着更多奇妙的生命。大家都知道，植物的生长离不开土壤。不过，你是否能想象出，从原始地球荒凉的岩石表面，怎样才能长成一片片茂密的森林？

　　"地衣"是第一批拓荒者。它们飘落到裸露的岩石上，在不需要土壤的情况下，凭借空气中的水分和光合作用，开始一批又一批地生长。随着岁月的流逝，死去的地衣加上它们吸附的尘土微粒，在岩石表面形成了第一层薄薄的土壤。

　　接着，"苔藓"的孢子随风也飘散了过来。在地衣逐渐积累的那层薄得可怜的土层上，苔藓迅速生长，后来者居上，给光秃秃的岩石穿上了"绿色外衣"。一代又一代死去的苔藓也形成了更多的腐殖质，使土壤层加厚变肥。

　　于是，草本植物的种子就接踵而至了，让由裸岩演化而来的土壤更加肥沃。终于，木本植物的种子也随之而来，它们在几代"拓荒先驱"留下的土壤上生根发芽，抽枝展叶，最终形成了枝繁叶茂的大森林。

　　森林的形成，是一个漫长的过程，是大自然的生命奇迹。一片生机勃勃的林地，更需要我们每一个人去珍惜和爱护！

② 一棵树值多少钱？

一说到树的价格，人们一定会问，是棵什么树，有多大，木头用来做什么？是啊，树木和人类的生活息息相关。我们身边使用的桌椅板凳、橱窗门柜，大多源自木材。木材的价格就成了人们对树木价值的直接判断。

但是，树木不仅是木材的来源、各种小动物们的家园、保持水土的根本，更是氧气的制造工厂。据统计，每公顷森林每天可吸收二氧化碳 1000 多千克，相当于 1000 多人每天的二氧化碳呼出量；同时，生产氧气 730 千克，相当于 970 多人每天的氧气吸进量。

印度加尔各答农业大学的一位教授曾经做过以下计算。

如果一棵树生长 50 年，产生氧气的价值约为 31 200 美元，吸收有害气体、防止大气污染的价值约为 62 500 美元，增强土壤肥力的价值约为 31 200 美元，涵养水源的价值约为 37 500 美元，为鸟类和

其他动物提供栖息和繁衍环境价值约为 31 250 美元，此外，还能产生价值约为 2500 美元的蛋白质。将这些综合价值全部加起来，一棵树的价值约为 196 150 美元！

日本曾经花了 3 年时间对林地产生的效益进行测试。日本的森林覆盖率很高，全日本有林地 2500 万公顷，每年能储存雨水 2200 万亿吨，防止水土流失 57 亿立方米，栖息鸟类 8100 万只，产生氧气 5200 万吨……

可见，林地的生态效益是巨大的。

林地拥有我们这个星球陆地上最具生产力、最庞大、最复杂的生态系统，为大量植物、动物、微生物提供了良好的生存环境。

全球林地面积约为 4850 万平方千米，约占地球陆地面积的 32.6%；林地中的生物总量达 16 000 亿吨，约占陆地生物总量的 90%，并且生物物种也极为丰富。据估计，地球上现有 1000 多万个物种，仅热带雨林就聚集着约 400 万个物种。

林地是一个巨大的"绿色宝库"，每年都为人类提供超过 23 亿立方米的木材。此外，林地上的植物还为人类提供蔬菜、水果、食用菌等食物和药材，还有橡胶、松香等工业原料。

　　人类还发现并培育了大量可以分离出"石油"的树木，如我国的油楠、菲律宾的银合欢树及澳大利亚的桉叶藤等。未来，林地上的植物还将为我们提供大量的可再生能源。

　　林地慷慨地为我们提供各种资源，无尽地索取和破坏都将使人类的可持续发展道路越走越窄，林地里的每一棵树都值得我们每一个人去呵护！

③ "卖炭翁"还是"卖碳翁"？

唐代著名大诗人白居易曾经创作过一首名为《卖炭翁》的长诗。

卖炭翁

卖炭翁，伐薪烧炭南山中。

满面尘灰烟火色，两鬓苍苍十指黑。

卖炭得钱何所营？身上衣裳口中食。

可怜身上衣正单，心忧炭贱愿天寒。

夜来城外一尺雪，晓驾炭车辗冰辙。

牛困人饥日已高，市南门外泥中歇。

翩翩两骑来是谁？黄衣使者白衫儿。

手把文书口称敕，回车叱牛牵向北。

一车炭，千余斤，宫使驱将惜不得。

半匹红纱一丈绫，系向牛头充炭直。

　　诗中描述的是一个以伐木砍柴、烧炭卖炭为生的老人，为了温饱终年辛劳，却还是逃不过被官宦强买强卖、肆意剥削的悲惨遭遇。全诗描写具体生动、历历如绘，结尾戛然而止、含蓄有力，刻画了一个在封建社会被压迫的下层劳动人民的形象。

2016 年，中国杭州低碳科技馆科普剧团为这位命运悲惨的"卖炭翁"谱写了新的故事，为他赋予了新的形象——"卖碳翁"。

老人家来到了现代社会，正要准备去干老本行——砍树烧炭，遇见了森林里的精灵，了解到了森林碳汇的知识。于是，他停止了砍伐树木，拒绝了破坏森林大肆污染赚大钱的诱惑，通过护林育林、森林碳汇的方式，进行碳交易，发展绿色产业，改善了自己的生活，成了一位名副其实的"卖碳翁"，过上了幸福的生活。

这部科普剧《新卖炭翁》，用生动的表演和幽默的语言，为大家介绍了森林碳汇的知识和碳交易的概念，号召大家保护生态环境、践行低碳生活，不但赢得了观众的阵阵掌声，并且还荣获了 2016 年第四届全国科学表演大赛科普剧表演一等奖和 2017 年国际科普剧表演大赛公开组冠军。

不过最后怎么选 还得老人家自己做

大多数学者认为，二氧化碳的过量排放，加剧了温室效应，导致了全球气候变暖。林地里的树木和其他植物，不仅为人类提供了各种资源和能源，还可以吸收大气中的二氧化碳，并将它们固定在植被和土壤中，从而降低二氧化碳在大气中的浓度，有效地减缓了全球变暖，这就是我们常说的森林碳汇。

森林碳汇是目前世界上最为经济的"碳吸收"手段，不仅可以固碳减排，还能够优化生态环境，达到良好的生态效益和可持续发展的目标。

目前，国际国内很多重大活动也采用"碳中和"的方式，通过植树造林增加碳汇的方式抵消和吸收碳排放。2008年北京奥运会、2014年北京APEC会议及2016年杭州G20峰会等重大国际活动，都建设了"碳中和"林，产生了良好的生态效益、经济效益和社会效益。

④ 种树也可能破坏环境？

前文我们提过，森林在维系人类可持续发展中起到的作用十分巨大，除了提供木材和各种林副产品（如食物、药材、橡胶等工业原料），还发挥着不可替代的生态作用。

一是保持水土，涵养水源。科学家们曾做过一项测试，在一次346毫米的降雨之后，平均每亩林地流失土壤4千克、草地6.2千克、耕地238千克，而裸地流失则达到了450千克。据统计，1亩林地比裸地要多蓄水20吨，5万亩森林的储水量相当于一座100万立方米的大水库。

二是净化空气，消减噪声。林地里树木枝叶茂密，有助于吸附空气中的油烟、灰尘及各种有害气体。根据测定，每公顷油松林一年可以吸尘36.4吨，松树的针叶还能分泌杀菌物质，有效灭杀白喉杆菌和结核杆菌，林地空气的细菌含量仅为非绿化区的15%。噪声穿过一道30米宽的林带，就会降低6～8分贝。

此外，森林还可以"吐氧吸碳"，调节改善小气候，美化环境。可以说，森林对人类有百益而无一害。

植树造林，早已成为我们保护生态、固碳减排的共识。然而，不

合理地种树，也会对环境造成破坏。

出于经济利益的考虑，人们一般会种植一些相对速生或经济的树种。相同的树种会不断地吸取特定的养分，从而造成人工林区土壤营养的不平衡。

由于树木品种较为单一，这样的人工林地不能支持很多物种的生息繁衍，形成的生态系统非常脆弱。一旦发生病虫害，灾害就会以极快的速度大面积蔓延。人们不得不大量施用农药杀虫，甚至烧掉种植的人工林。

有些地区在种植人工林时，没有选择适合当地的树种，盲目地引进外来树木，结果导致外来树木无法适应，当地原有的天然树种也因环境恶化而无法存活。

有些不适合树木生长的地方，如戈壁和沙漠等，只能植草而不能种树，如果为了治沙大量种树，而不考虑环境承受力，往往只会事与愿违。树的吸水量大，夺走草生长的水分，导致地区性生态失衡，结果就会出现不但树无法存活，草也枯死的情况。

植树造林，为的是保护自然，保护我们赖以生存的环境，"先人留下浓荫树，后辈儿孙好乘凉"。只有科学合理地植树造林，才能真正有益于子孙后代，实现人类的可持续发展。

⑤ 春天会"寂静"吗?

树木都有一个非常大的特点——繁殖能力强。

每年,几乎每棵树都会结成千上万颗果实。果实一旦成熟,就会急匆匆地掉落在地面上,寻找萌芽和新生的机会。

因为它们很清楚,真正能够长出来并成功长大的概率,微乎其微。它们随时都可能成为昆虫、鸟类或其他小动物们的食物。

擅长繁殖后代的树,最怕的不是虫、鸟类和其他小动物们,它们最怕的是人类的刀斧,人类的放火烧山,人类在追逐经济利益时的贪婪。

人类文明,是由"火"点燃和照亮的:以火熟食、以火驱寒、以火阻兽、以火开拓……

而人类文明之所以能"薪火相传",离不开"薪",也离不开"薪"的来源——"树"。

自有文明以来,人类劈向树木的刀斧,便一刻没有停歇过。"卖炭翁"们不辞辛劳,在树林里砍柴烧炭,为人类生产和生活提供了能源。

大批木材被源源不断地从山林之中砍伐搬运出来,盖房造桥,建起一个个村镇城市,人类辉煌璀璨的城市文明开始发展。

最初的农民采用"刀耕火种"，砍倒林地里的树木，然后用火焚烧，清理出耕地，将树木燃烧后的灰烬用作肥料。林地的土壤本身含有大量的有机质，十分肥沃，但被开垦为耕地后就失去了原有树木植物有机质的补充，肥力开始下降。于是，一片又一片树林被砍伐，由林地转变而来的耕地支撑起整个农耕文明。

进入现代文明，除了砍伐以外，更多的破坏方式正侵害着无私给予人类一切的森林。

1962年，美国科普作家蕾切尔·卡逊创作了著名的《寂静的春天》，用生动的笔触描写因过度使用化学药剂而导致的环境污染、生态破坏，原本应该莺飞燕舞、草木繁茂的春天，变得寂静无声。

除了化学制剂，酸雨对森林的危害却少有人提及。随着人类工业的发展，大气污染导致的酸雨正成为伤害森林的"可怕杀手"。

树叶与酸雨接触时间过长，就会受到严重损伤，造成大量黄叶并脱落，严重的甚至可能导致树木成片死亡。

酸雨还会导致林地土壤中很多营养元素被释放出来，并被雨水淋溶掉，土壤因此而变得贫瘠。例如，土壤中原本稳定的铝元素变得活跃，从而抑制树木的生长。此外，酸雨过后，微生物的繁殖也会受到抑制，导致树林里的病虫害明显增加。

　　森林生态系统如果遭到了破坏，鸟语花香、缤纷艳丽、郁郁葱葱的春天也许就会如同《寂静的春天》一书里描述的那样，缓慢消失，而我们周围的一切，就会"寂静"得可怕！

第四章　草　地

① "天涯"真的"何处无芳草"吗?

说到小草,大家一定很熟悉唐代大诗人白居易那段著名的诗句吧:"离离原上草,一岁一枯荣。野火烧不尽,春风吹又生。"

一枯一荣,就是小草的一生,即使被野火焚烧,来年开春之时还会生长出来,并且繁茂大地。这是对小草生长的真实写照,更是对小草顽强生命力的赞美!

小草的种子可以通过风力传播,也会利用动物的黏附或者食用排泄进行传播,甚至会自行通过弹裂的方式传播。种子的萌发需要适宜的温度、适量的水分和充足的空气。小草发芽的适宜温度在 $15 \sim 30$ ℃,它的生命力极强,土壤深层未发芽的种子可以存活10年以上。它的适应性也极强,耐旱耐贫瘠,酸性或碱性土壤均可生长,无论是干旱的土地,还是石头缝,甚至是海边的沙地上都能生根发芽。

在早期的人类生活中,衣食住行都和草有关系。

人类的粮食、蔬菜及药物主要是由野草培育而来的。前面我们说过"神农尝百草"的故事,讲述的就是人类先祖在各种植物中寻找食物和药物的过程。

除了洞穴,很多地方古时的建筑都是以自然材料构筑而成的,而用于屋顶的自然材料，最早的就是草。人类居住在茅草、稻草盖顶的房子里面，用稻草铺床作防潮、保温层，这样的做法我国南方很多地方至今仍在沿用。

人类最早的衣服，除了兽皮，可能就是草衣；而最早的鞋子，很可能就是草鞋。古人编草为衣，以草为履，连睡的床铺最早也是由草铺就而成的。有道是"簟蒿席草"，说的就是以蒿作簟，以草为席。用柔韧的草茎编织的席子，现代人依然在使用，尤其是在夏天的时候，让人感觉清凉干爽。

古人远行时，草为他们的生活也提供了一些便利。有"草行露宿"的，走在草地里，睡在露天下；更有"餐风宿草"的，几乎没什么吃的，只能睡在草地里。古人讨生活不易，往往要"承星履草"，早出晚归，披星戴月，脚踏草地，辛勤劳作。

"兵者，国之大事"。而古代行军打仗很多时候会依靠吃草的牛马，草在战争中几乎是和粮食同等重要的。所谓"兵马未动，粮草先行"，作战时，兵马还没出发，粮食和草料的运输就要先行一步了。"粮多草广"的一方往往会获得胜利，所以在"精兵强将"的同时，"屯粮积草"也非常重要。

全球草地面积约占陆地总面积的1/6，无论是在荒坡之脚、石缝之中，还是在高山之巅、浩海之滨，草都无处不在。可以说，茫茫草地是大自然赋予人类最易接受的礼物。

② 草原造就了古丝绸之路？

"敕勒川，阴山下。天似穹庐，笼盖四野。

天苍苍，野茫茫。风吹草低见牛羊。"

这是一首草原上敕勒人唱的民歌，由鲜卑语译成了汉语，歌唱的是我国北方壮丽富饶的风光，描绘了一幅水草丰盛、牛羊肥壮的草原全景图。

人类利用草地发展畜牧业甚至要早于种植业。游牧民族便是以畜牧业为基础的民族，他们"逐水草迁徙"，骑着骏马在草原上纵横驰骋，是马背上的民族。

草原是大片草地的集合体，是草本植物最为集中、最具有代表性的地方。打开地图，我们会发现，地处中亚和北亚之间，北纬40°～50°的中纬度地区，是一条广阔的草原地带。这片区域除了局部丘陵地区外，大部分地势比较平坦。

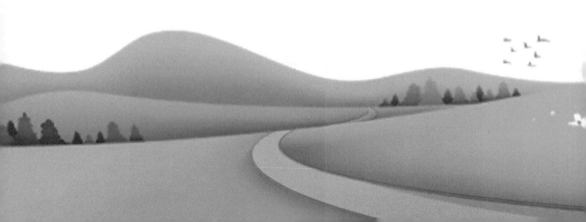

　　这条草原地带，东起中国北部的蒙古高原，向西经过俄罗斯的南西伯利亚、伊朗、土耳其等中亚北部，进入黑海的北岸，与俄罗斯南部的草原衔接，一直到达喀尔巴阡山，跨入东欧。

　　我国北方草原，正是位于这条欧亚草原带上。正如民歌里唱的那样，这里地理环境、生态环境相对较好，自古以来便是游牧民族栖息、牧猎之地。

　　这是一条天然存在的草原通道。良好的自然环境，使这条通道具备了向西连接中亚、东欧，向东南通向中原地区和东海的客观条件。

　　这条通道就是"草原丝绸之路"，中国中原地区盛产的丝绸、茶叶、陶瓷等特产先流入草原，然后从草原又转到俄罗斯和西亚等地。早在3000多年前，这条丝路就已经横贯欧亚大陆了。它由游牧民族沿水草而成，是东西方文明交汇交融的大走廊。

　　直到公元前2世纪，汉武帝派张骞出使西域，才陆续开通了从洛阳、西安出发，经过河西走廊至西域，然后通往欧洲的"绿洲丝绸之路"。尽管这条线路才是人们通常所指的传统"丝绸之路"，但毕竟

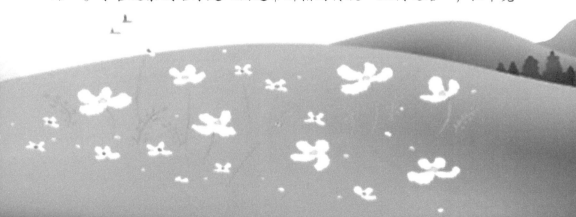

要晚于草原丝路达几个世纪之久，而且沿线的生态条件也比不上早期开通的草原丝路。

历史上，这片草原上先后出现过匈奴文明、鲜卑文明和蒙古族文化。而这条草原丝绸之路成为世界历史发展的见证者。匈奴族沿着草原丝路南下，融入了汉族，使中原王朝的疆域得到了极大的拓展与巩固；沿着丝路西迁，引起了欧洲的民族大迁徙，导致了罗马帝国的崩溃。鲜卑族沿着草原丝路南迁，完成了汉化的历史进程。蒙古族沿着草原丝路，南征北战。

草原之上，不仅承载着人类生存必需的自然环境，蓝天白云、牛羊马鹿还承载着厚重的人类文明发展历史。

③ 草原上为什么树木很少出现？

大家如果有机会去内蒙古大草原，一定会被那里的场景震撼到：空气是那么清鲜，天空是那么明朗，令人心旷神怡；延绵不绝的青草覆盖着一望无际的大地，从脚下直抵天边，视野十分开阔。然而，举目望去，却几乎看不到一棵树。这便是草原的奇特所在了。

草原上鲜有树木的原因比较复杂，因为这是一个生态学的问题。

目前，全世界的草地主要分布在温带和热带较为干旱的地区，包括温带草原和热带稀树草原。两者的气候虽然有很大的差别，但是有几点是相同的：降水量较少，气温较高，蒸发量较大。

总之，气候比较干旱。这样就不适宜大多数树木的生长了。前面我们提到，树木通常需要较大量的、比较稳定的水分供应。相比之下，草本植物对水分的要求就低多了。草原上降水量偏少而且剧烈波动，会让树木"渴"死。

温带草原的土壤，在距地面半米左右的位置，有一层致密坚实的土层，因为钙含量很高，被称为"钙积层"。这层厚厚的"白灰"使树木甚至是很多灌木的根系都无法穿透。而大多数草本植物的根系主要分布在半米以内，所以它们能够不受钙积层的影响，在温带草原上生长。

虽然在草原上很少能见到树木，但也不能一概而论。

在水分充足的地方，如河流的两侧，就会有高大茂密的树木生长，人称"河岸林"。另外，在温带草原中的沙地上，也可以见到榆树、沙地云杉等耐寒的树种。那儿的土中没有阻碍根系伸展的钙积层，沙粒之间的空隙也很大，可以像水库一样积蓄降水，使树木能够扎根生长。

热带稀树草原的土壤中也没有像钙积层那样不利于树木根系生长的土层，一些耐旱的树木，如猴面包树就可以生存。非洲大草原上的猴面包树是一种"大胖子树"，果实甘甜多汁，深受猴子和猩猩们的喜爱，因此得名。

它的树干质地非常疏松，就像多孔的海绵，非常适合储存水分。在雨季，猴面包树会拼命地吸收水分，储存起来，然后顺利地度过旱季。据说，一棵猴面包树的树干可以储存上吨的水！只要在树上挖一个小孔，清新解渴的天然"饮料"就会源源不断地流出来。因为猴面包树能够为草原上旅行的人提供救命之水，因此又被称为"生命之树"。

草原就是如此的奇特，所以，有机会一定要去那里走走看看！

④ 吃草的牛羊会加剧全球变暖？

一提到牛，人们就会想到它吃苦耐劳、默默无闻、温和驯良的形象。牛是勤劳的象征，"吃的是草，挤的是奶"。著名文学家鲁迅先生就曾经自喻为牛，手书"横眉冷对千夫指，俯首甘为孺子牛"诗句，作为自己的座右铭。

牛的体力极好，相当于好几个成年人。一般认为，动物要想有好的体能，就需要补充足够的蛋白质。肉、蛋、奶等食物因为富含蛋白质，是最好的食物选择。

牛吃的是草。草营养物质虽然没有肉类那么丰富，但是蛋白质、糖类、脂肪、矿物质、维生素等营养物质一样都不缺，只要吃得多，是完全够用的。

所以在草地上，我们可以看到，牛、羊、鹿、马等食草动物，总是在不停地吃草。此外，它们还进行反刍——就是把吃到肚里的草吐出来，嚼嚼再咽回去。

想想比较恶心，但这也是这些食草动物长期进化的结果，不得已而为之。因为草虽然很多也很容易获得，但草里面的纤维素消化起来比较困难，需要反复嚼碎才有利于分解并被吸收。

牛羊在反刍消化草料取得营养物质的过程中，会打嗝和放屁。排出来的气体主要是甲烷。甲烷虽然在空气中的含量极小，但在造成温室效应方面的作用却比二氧化碳显著20多倍。

全球畜牧业的体量巨大，畜养的牛羊数以亿万计。据计算，牛羊等畜牧业排放的甲烷气体总量约占全球甲烷排放量的1/3。

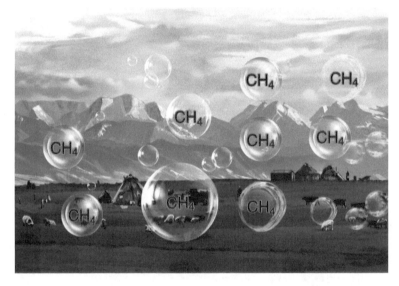

除了甲烷，牛羊在消化和生长过程中会产生大量二氧化碳。据估计，畜牧业排放的二氧化碳总量约占全球二氧化碳排放量的1/5，超过世界上所有的汽车、火车、飞机、轮船等交通工具的总排放量。

以一头牛来计算，它每年要排出9千克左右的气体污染物，其污染程度甚至超过了一辆小型汽车。

　　我们从市场上每买 1 千克的牛肉，从饲养到消费的过程中，大约要产生 36.4 千克的二氧化碳。这相当于普通小轿车行驶 3 小时的二氧化碳排放量，加上同时间段内家庭的全部耗电量所折算成的二氧化碳排放量的总和。

　　根据联合国粮农组织发布的报告，全球的畜牧业确实是人为造成全球变暖的"元凶"之一。

5 城市为什么需要草地？

"没有花香，没有树高，我是一棵无人知道的小草。

从不寂寞，从不烦恼，你看我的伙伴遍及天涯海角。"

这几句熟悉的歌词，来自著名的儿童歌曲《小草》，很多人都唱过。久居城市的人们，经常会处在各种压力之中，倘若能在郁郁葱葱的草地上走一走，一定会感觉平静、舒心。青翠柔和如同织锦一般的绿毯，充满了坦荡、宽广、平和之意，可以让苦闷的心情一扫而光，绵绵的愉悦之感顿生心底。

城市中的草地，不仅增添了环境美，给人们提供了休息之地。更重要的是，它好似无数尽职的医生、护士，在关心、保护着人类的健康和生命。

草地的好处有很多。

首先，它能缓和太阳的热辐射，有效地降低温度。在同一座城市中，有草地的地区，比没有草地的地区气温要低 1～2 ℃。草的叶子

昼夜蒸发水分，使炎热、干燥的空气湿度增加，调节着城市中的小气候。据计算，每公顷草地每天平均蒸发水分约6300千克，可以增加空气中的相对湿度5%～9%。

其次，草地也能起到天然的空气过滤作用，吸收大气中的二氧化硫、氟化氢、氨、氯等有害气体，对空气中二氧化碳和氧气的平衡起着重要作用。每公顷草地每天吸收约900千克二氧化碳，并释放出650千克氧气。

最后，松软而有弹性的草地是良好的消声器，能减少城市里的各种噪声。

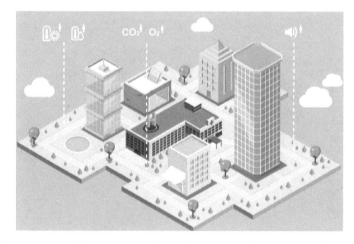

草地不仅使钢筋混凝土构成的城市整体景观变得富有生命，使路面变得宽广清爽，增加了城市建筑的艺术效果，还增强了生活环境的自然美和园林美，为人们提供了体育运动和娱乐休闲的场地，成为"绿色城市"必不可少的"标配"。

然而，人工栽种铺设的草地并不是最佳的选择，反而是由野草形成的天然草地更好。野草耐旱，不用专门浇灌，这样就可以减少用水。

野草的根系粗而长，在土壤中分布得又深又广，使土壤承接雨水的能力远比人工草皮强。在下大雨的时候，野草地几乎不会积水。

自然的野草地本身就是由野草、野花组成的，它们会顺应时节自然生长，使周围的环境一年四季呈现出不同的色彩，给人类带来了不同的视觉感受。

既然草地对人类有那么多的好处，我们就更应当爱护草地、培植草地，使大地披上绿装，让人类与绿色亲密接触。

第五章　湿　地

① 荷花为什么不会被淹死？

说到荷花，大家一定会想起"南宋四大家"之一杨万里的诗作《小池》。

泉眼无声惜细流，树阴照水爱晴柔。

小荷才露尖尖角，早有蜻蜓立上头。

这是一幅十分美丽的画卷：小池有活水相通，一股涓涓细流从洞口流出，没有一丝声响；池边有一抹绿荫相护，在晴朗柔和的风光里，遮住了水面；池中有小荷出水，玲珑剔透，娇嫩无比；调皮的小蜻蜓飞了过来，捷足先登，与小荷为伴。

这是湿地里常有的情景。

养过花花草草的人一定知道，植物的生长离不开水分。但是，很多植物如果浇太多水或是被泡在水里很容易就会腐烂、死掉。土壤一旦被水淹没，就会造成土壤中的氧气含量不足；植物的根部无法从土壤中吸收到足够的氧气，就会造成缺氧，从而导致吸收水分和营养物质的能力大幅降低。最后，植物不是被"淹死"的，而是被活活"饿死"的。

　　然而，在湿地环境，除了荷花，我们还会看到很多植物都能够生活在水中。大家最熟悉的，应该就是那些可以当作蔬菜的荸荠、慈姑、茭白。它们为什么不会被"淹死"或"饿死"呢？

　　其实，荷花等水生植物拥有一套适应水生环境的本领。为了应对水中缺氧的环境，它们都自备了一套"充氧泵"：水生植物的叶柄、茎干和地下茎的横切面上有许多小孔，它们是专门用来运输气体的，称为"通气组织"。水生植物的叶片通常会高出水面或漂浮在水面上，通过"通气组织"，就能够使空气中的氧气进入叶柄、茎干，再向下扩散到地下茎。这样就保证了水生植物的根能够得到充足的氧气。

　　除了能够在水面上露出"尖尖角"的荷花，还有一些身体全部沉在水面以下的水生植物，如金鱼藻、苦草等。它们既没有高出水面的"出水叶"，也没有浮于水面的"浮水叶"。

　　科学家们发现，这些沉水植物的叶片又细又柔软。例如，金鱼藻的叶子是丝带状的，宽度都不足 0.5 毫米，这就有利于它们高效率地利用水中有限的阳光和空气进行光合作用。金鱼藻的茎叶里还有许多孔洞，这些孔洞主要是用来储存水中空气的，也可用来存放光合作用时产生的氧气，以此进行呼吸和生长。

　　湿地是非常神奇的，它水土交融的独特环境孕育了很多奇特的生物，让大自然生机盎然、充满色彩。

② 湿地是人类文明的摇篮？

大家还记得四大文明古国吗？

打开地图，我们会发现，这四大人类文明的发源地，都与河流有关：古巴比伦位于底格里斯河和幼发拉底河流域，也就是著名的两河流域，大致位于今天的伊拉克；古埃及文明的中心主要集中于尼罗河流域，大致在今天的埃及境内；古印度文明地处印度河流域，位于今天的巴基斯坦；中国文明的起源，则在黄河流域和长江流域，中华文明也延续至今。

在人类发展的早期，由于生产技术水平低下，只能依靠比较优越的自然条件来生存，几乎无一例外地选择"逐水草而居"。河流周边的生物也为人类的生产生活提供了大量的物质资源。历史上一些动物为居住在这些湿地周围的人们提供了重要的动物性蛋白质来源。

河流可以带来丰富的水资源，有利于农业灌溉和人类的生存。在各个河流流域，尤其是中下游地区，会产生大的冲积平原，这里地势平坦开阔，再加上河流将上游的泥沙冲击到此，带来大量的肥沃土壤，更有利于农业的发展。同时，河流内渔业资源也十分丰富，气候温润，环境条件好，有利于人类的繁衍生息。于是，各个河流流域就成了人类最早的聚居地区。

除了饮用和灌溉，人类还开发利用各种水能资源。考古发现，尼罗河流域和两河流域很早就有用水力冲击固定的桨叶水轮来进行谷物加工、灌溉和排水的简易装置。我国早在汉代就开始广泛利用水车加工粮食。

此外，江河作为水运的载体，在人类社会早期的交通运输中也起到了至关重要的作用。

古人就是利用了河流赋予的各种自然资源，让自己的生产生活得到了极大的便利。

国家形成，城市兴起，人类文明就此起源发展。

中国古代文明更是充满了湿地的印记。广为人知的《关雎》中的词句"关关雎鸠，在河之洲"中的"洲"指的就是滩涂湿地。而《诗经·蒹葭》中"蒹葭苍苍，白露为霜，所谓伊人，在水一方"中的"蒹葭"则是芦苇、荻苇的总称，都是典型的湿地植物。

可见，古老的河流、湖泊，神秘的沼泽、海滨，孕育了人类文明，也记录了人类逐渐发展进步的过程。

③ 湿地是"地球之肾"？

"洪湖水呀浪呀么浪打浪啊，洪湖岸边是呀么是家乡啊。清早船儿去呀去撒网，晚上回来鱼满舱啊。四处野鸭和莲藕，秋收满仓稻谷香，人人都说天堂美，怎比我洪湖鱼米乡啊……"

这首脍炙人口的《洪湖水浪打浪》勾勒的是一个真实而动人的洪湖湿地——景色优美，物产丰富。

湿地是以水为基本元素的区域，是富含水分、湿润的地方，一般是指河流、湖泊、水库、海洋等水体与陆地之间的过渡地带。由于长期被水淹没或有大片的浅水区域，这里形成了独特的土壤系统。沼泽就是最典型的湿地。

全世界的湿地总面积约为 855.8 万平方千米，仅占地球陆地面积的 6%。虽然湿地的总面积不是很大，但它为地球上 20% 的生物物种提供了良好的生存环境。湿地是位于陆生生态系统和水生生态系统之间的过渡性地带。在土壤浸泡在水中的特定环境下，各种动植物生息繁衍于其中，使湿地成为地球上生物多样性最丰富的区域。湿地也和森林、海洋并列成为地球上最重要的三大生态系统。

湿地在生态系统中发挥着巨大的"排毒""解毒"作用。

湿地上生长着各种茂密的植物，伴生其中的还有各种水生动物，

以及肉眼看不见但数量庞大的微生物群体。

湿地特有的自然属性能减缓水流。生活污水、工业废水及农业污水进入湿地以后,因为流动速度减慢,其中的各种污染物便逐渐沉淀下来,有的直接被土壤阻截,有的被湿地动植物利用,有的被湿地微生物分解。

湿地就像一个巨大的天然净化器,能转化毒素,使水体重新变得洁净,有效地净化水质。研究表明,我国南方水塘系统占流域面积4.9%时,对流域污染物和营养物的截留率在某些年份高达90%以上,流域湿地的比率达到1%～5%时就足以去除流域大部分的富营养化物质。

肾脏是我们人体最重要的器官之一,它起到调节身体水分循环、排除新陈代谢废物的作用。这与湿地对于地球的意义相似,因此湿地被称为"地球之肾"。人体的肾脏一旦出现问题,身体就会出现各种症状,严重的会危及生命;而湿地受到了破坏,地球的生态就会出现问题,受害的不仅是各种生物,还有人类本身!

④ 湿地造就了"天下粮仓"？

说到"鱼米之乡"，大家首先想到的，一定是我国长江中下游平原一大片广袤的土地。

那里地跨湖北、湖南、江西、安徽、江苏、浙江和上海7个省（市），气候湿润，物产丰富，其间河汊纵横交错，湖荡星罗棋布，是我国湿地分布最广的区域之一。

长江天然水系及纵横交错的人工河渠使该区域成为中国河网密度最大的地区，水资源丰富。因此，素有"水乡泽国"之称，盛产鱼、虾、蟹、菱、莲、苇，是中国重要的粮、油、棉生产基地。

早在宋代，民间就有"苏常熟，天下足"的谚语。苏指苏州，常指常州，苏常连称，泛指太湖以北以东的苏南一带。后来也有另一种流传版本"苏湖熟，天下足"，湖指湖州，太湖以南地区。此三州相邻，均在长江下游的太湖流域，那里地势平坦，土地肥沃，小河流遍布，"百流众渎，曲折萦绕"。

由于水资源充足，农民深耕细作，农作物一年两熟，农业生产发展很快，生产的粮食非常多，除了满足本地需要外，还远销全国各地，因此有了"天下足"这一相对夸张的说法。

到了明清时期，长江中游的江汉平原地区进入大开发时期，湖荡、洲滩等荒野湿地被大面积围垦为农田，洞庭湖南北的湖南、湖北两省盛产稻米，成为全国商品粮的生产基地。作为"天下粮仓"，湖广地区丰收，则天下粮足。于是，民间又有了"湖广熟，天下足"的说法。

新中国成立以来，我国黑龙江嫩江流域、黑龙江谷地与三江平原广大荒芜地区开始得到有序的开发。那里俗称"北大荒"，区内有大江大河拦阻，有无数的川溪涧泉切割，沼泽密布，作家聂绀弩曾在《北大荒歌》里描绘道："天苍苍，地茫茫，一片衰草枯苇塘。"只要把多余的水排干，湿地很容易就能改造为耕地。

"北大荒"地处世界三大黑土带之一，土地肥沃，有"捏把黑土冒油花，插双筷子也发芽"的美称，水资源丰富，大气降水充盈，非常适宜农业生产。经过了几代人的努力，"北大荒"被建设成为美丽富饶的"北大仓"，千里沃野上，稻米、大豆、玉米成方成片，一望无边。那里也成为我国现代化程度最高、商品率最高的商品粮生产基地。

人类的农耕活动，借助了湿地的力量，利用了湿地的资源，得到了极大的发展，但也对湿地造成了一定的破坏，使其生态安全受到了严重的威胁。这是人类不得不面对的问题。

⑤ 为什么湿地亟须保护？

　　湿地，长期以来为人类生产生活提供了大量的资源，孕育了光辉灿烂的人类文明。然而，随着城市化和农业的发展，作为世界上最具价值和生物多样性的生态系统之一的湿地，正在以惊人的速度消失。

　　《湿地公约》最近发布的一份报告显示，1970—2015 年，大约35% 的湿地包括湖泊、河流、沼泽和泥炭地，以及潟湖、红树林和珊瑚礁等沿海和海洋区域消失了；尤其 2000 年以来，湿地消失的速度更快。

　　人们都说水是生命之源，是保证人类文明发生与发展的基础。人类使用的淡水主要来自内陆湿地，包括湖泊、河流、沼泽和浅层地下水。地下水是重要的水资源，通常由湿地补充。可以说湿地直接或间接地满足了世界上几乎所有的淡水需求。

　　湿地的一个重要作用是调节水分平衡。有人把湿地比喻为"天然海绵"，当雨水充沛的时候，湿地表面被水淹没，底层的土壤也可以充满溪水，从而容纳大量水分；到了干旱的时候，湿地保存的水分就会流出来，补给周边河流和地下水。湿地使周边地区抵御洪水和干旱的能力大幅增强。

人类活动排放了大量的二氧化碳，从而影响了全球气候。湿地非常适宜植物生长，茂盛的湿地植物能够大量吸收空气中的二氧化碳，当这些植物死后，碳元素就在植物的残体中以固态的形式保存了下来，起到"碳汇"的作用。湿地是全球最大的碳库，碳总量约770亿吨，超过农业生态系统的150亿吨、温带森林的159亿吨和热带雨林的428亿吨。

　　如果温度升高、降雨减少或人类活动引起湿地土壤变化，湿地"固碳"的功能将大幅减弱或消失。一旦水分流失，地温升高，湿地分解碳的速度将大幅加快，储存在湿地中的碳会通过各种不同的形式释放出来。湿地将由"碳汇"变成"碳源"。

　　据科学家计算，假设将全球沼泽湿地的水全部排干，储存在湿地中的碳就会像长了翅膀一样逃逸，逃逸的数量相当于目前森林砍伐和矿物燃料燃烧排放总量的35%～40%。这将极大地加剧全球气候变化的速度。

　　人类离不开湿地，当湿地资源被破坏殆尽时，人类文明就会衰落并灭亡。为了保护湿地，1971年2月2日，18个国家在伊朗缔结了《湿地公约》，迄今已有160多个国家成为缔约国，中国也于1992年加入。为了纪念《湿地公约》的签署，每年的2月2日被定为"世界湿地日"。

第六章　沙　地

① 那么多沙子是从哪里来的？

一说到沙漠，人们马上就会想到黄沙漫漫、一望无垠、壮美辽阔的场景。地球陆地表面的 1/3 覆盖着沙质荒漠。科学上，将干旱地区的流沙堆积称为沙漠，半干旱区的流沙堆积称为沙地。人们习惯将大的沙漠称为"沙海"，这是一个非常形象的比喻，因为沙漠就是由浩瀚的沙子组成，形成连绵不断的沙丘。那么，沙漠或者沙地又是怎样形成的呢？那么多的沙子是从哪里来的呢？

沙子的来源与地球上岩石经过风化作用破碎产生的碎屑物质有关。

地球上的很多沙漠都在高山附近或者被山脉环绕。受到"热胀冷缩"甚至是高海拔冰川研磨作用的影响，山上的岩石极易破碎，产生巨量的岩石碎屑。

地球表面还有在地质时期就形成的主要由沙子组成的岩石，如沙岩，物理风化极易产生细粒的沙子。此外，海浪对基岩海岸的长期冲刷也会导致基岩的物理风化，从而产生大量的沙粒。

　　风是沙漠形成的动力。这些粗细混杂的碎屑物质会在长期的风力吹蚀下被分选。较粗的砾石不易被水冲走，滞留在地表形成了戈壁。而其他细小的沙粒则被风吹起来，在遇到阻拦或风力减弱时，掩盖在地面上，缓慢地聚集成一个个沙丘，渐渐互相连接，越来越多，最后汇聚成沙漠和沙地。

　　这些沙丘，大小、高低不一，一般有20～30米高，一眼望去好似波浪起伏的大海。多数沙丘，平面上呈月牙形，而且具有一致的排列方向，形成新月形沙丘。还有些沙丘像垄冈的形状，平行排列，这都是风的杰作。

　　干旱是出现沙漠的必要条件之一。一切地表裸露、气候干燥的地方，都是形成沙漠的良好场所。目前，世界上的大部分沙漠主要分布于北非、西南亚、中亚和澳大利亚，这是因为地球自转使这一带长期笼罩在大气环流的下沉气流之中，气流下沉破坏了降雨的形成过程，形成了干旱的气候，结果便出现了浩瀚的沙漠。

　　沙漠的形成是一个不断扩张的自然过程，而人为破坏自然环境的行为则会加剧沙漠化的进程。很多地方原本并不是沙漠，而是由于人为因素造成土地逐渐沙化，最后变成了沙漠。有学者指出，在很多情况下，人类才是破坏生态环境、制造沙漠的真正凶手。

② "撒哈拉"是人类惹的祸？

很多人读过三毛写的《撒哈拉的故事》。书里，三毛以一个流浪者的口吻，用自然、清新和朴素的语言，轻松地讲述着她在撒哈拉沙漠生活时的所见所闻：沙漠的新奇、生活的乐趣、千疮百孔的大帐篷、铁皮做的小屋、单峰骆驼和成群的山羊，令人如入其境，倾倒了全世界的读者。

"撒哈拉"这个名字来源于阿拉伯语，意思为"大荒漠"。撒哈拉沙漠横贯非洲大陆的北部，东西长达5600千米，南北宽约1600千米，面积约906万平方千米，约占非洲总面积的32%，是世界上最大的沙质荒漠。其气候条件非常恶劣，是地球上最不适合生物生存的地方之一。

然而，考古学家发现，在撒哈拉沙漠之下存在着古老河流系统及动植物的痕迹。在几千年前，撒哈拉却是一片点缀着湖泊的青葱原野，是一个诗情画意、鸟语花香的好地方。

一项新的研究认为，正是人类的活动，加剧了撒哈拉的沙漠化。

大约8000年前，人类进入了这片地区，并进行农耕。他们大量开垦土地，用于种植作物和畜牧，这片曾经美丽富饶的土地开始衰落。

随着撒哈拉地区人口的增长，更多的土地被开垦，加上过度放牧，使其土质退化。植被逐渐减少，使得撒哈拉的温度逐渐上升。生态系统的破坏引发了连锁反应，降水量变少，高温缺水的环境使植被缓慢消失。最终，撒哈拉几乎就不降雨了，大量植物死亡，只留下少数耐热、耐旱的沙漠植物。

仅仅1000年，撒哈拉由一片绿洲变成了几乎寸草不生的大荒漠。

目前，研究人员正在深入探索撒哈拉沙漠底下原有的湖床，获取植被沉积物，以查明当时的人类活动，收集证据来进一步支持这一理论。

另一项新的研究在分析了 1920—2013 年非洲各地记录的降雨量数据后发现，占据非洲大陆北部大部分地区的撒哈拉沙漠面积自 1920 年以来已经扩大了约 10%。沙漠的典型特征是年平均降雨量低，通常每年降雨量少于 100 毫米。科学家们从数据和气候模型中推断，大约 2/3 的沙漠扩张是由于自然变化，而另外 1/3 的可能是人为造成的气候变化所致。

而扩张的可能不仅仅只有撒哈拉沙漠，世界各地的沙漠很可能也正在经历同样的气候变化，而且都在不断扩大。

③ 动物们在沙漠里是怎样生存的？

　　沙漠在我们的印象中是一片极其贫瘠的土地，它最主要的特征就是干燥缺水。沙漠地区植被极少，气候干旱，堪称"生命的禁区"。

　　然而，正是这种极端的气候使沙漠中的一些动物进化出了特殊的生存能力。

　　白天的沙漠，热浪滚滚，最热的时候温度可达 67.2 ℃。大部分沙漠里小动物们的身体经不住这样的高温，都会找个阴凉的地方躲起来。甲虫等昆虫，沙蜥、鬣蜥及蛇等爬行动物会藏在稀疏灌木、朽木或沙层下面，跳鼠、沙鼠等啮齿类动物则会躲进自己挖的地下洞穴里。待夜幕降临，它们就会陆续出来，开始自己昼伏夜出的沙漠生活。

　　偶尔会有少数的几只蜥蜴在白天活动。面对炙热的地表沙土，它们会将左前腿及右后腿（或右前腿及左后腿）举起，留下另外两条腿和尾巴形成三足点地，通过反复交换，减少肢体与滚烫地表的接触，看上去就像在手舞足蹈一般。如果这样还不能抵御炎热的话，蜥蜴就会以其强壮的四肢掘沙，把身体潜伏在其中，来躲避热浪的侵袭。

　　水是生命之源。为了在缺水的沙漠里生存，动物们还发展出不凡的找水、储水技能。俗话说："早穿皮袄午穿纱，围着火炉吃西瓜。"

沙漠日夜温差大，晨昏的时候，水汽会凝结在地表，也会产生雾。当雾气笼罩在沙漠中时，小动物们就各显神通。例如，壁虎的身体和眼睛能够聚集雾滴，而它长长的舌头可以非常灵巧地把眼睛中的水汽舔走，如同汽车的雨刮器一般；甲虫也会在清晨从沙子里采集水珠。

沙漠里的大动物，譬如骆驼，更是身怀绝技，可以在大漠中长途跋涉，号称"沙漠之舟"。

骆驼可以在不喝一滴水的条件下生存21天，法宝就是高耸的驼峰。骆驼在出发前，要吃得饱饱的，营养就以脂肪的形式储存在驼峰里。脂肪氧化分解可以放出大量的能量，同时也可以产生大量的水。这样，骆驼就可以长时间不吃不喝。

此外，骆驼脚掌宽大、脚垫厚实，有利于在滚烫的沙土上行走；鼻孔可关闭、睫毛粗长，可抵御风沙；肾也很特别，能够浓缩尿液，减少尿量，从而保存体内水分。

就这样，沙漠里的动物们发展了各种能力，采取了各种技巧，在与沙漠恶劣环境的不断较量中，坚强地生存了下来。

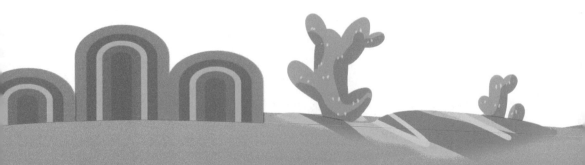

④ 沙漠里只有仙人掌？

在环境恶劣人迹罕至的沙漠，一说到植物，大家一定会想到仙人掌。

曾经有位科学家专门做了个有趣的实验。他将一株重达 37.5 千克的仙人球从室外移种到了室内，没有给它浇过一滴水，整整过了 6 年时间，想不到那株仙人球依然顽强地活着。再把它挖出来称重，居然还有 26.5 千克重。也就是说，这株仙人球在 6 年时间里仅仅消耗掉 11 千克。由此可见，仙人球具有顽强的生存能力。

仙人掌科植物有一套节约用水的特殊本领。植物的叶片因为面积大，体内的水分容易从叶面蒸腾出去，而仙人掌巧妙地将叶片转化成了刺状，从而大幅缩小了蒸腾面积，使水分不容易散失。此外，仙人掌的身体一般都肥胖多肉，能够吸收大量的水分，将它们存储在躯体内部，就像一个能蓄水的小水库，等需要的时候再缓慢地释放出来。

其实，仙人掌主要生长在热带荒漠，以南美洲、北美洲居多。墨西哥被称为"仙人掌之国"，在墨西哥国旗上，就有仙人掌的图案。墨西哥位于北美洲南部，干旱缺水、荒漠化严重，仙人掌却神奇地装点了这片土地。据统计，全世界有2000多种仙人掌类植物，其中半数都产在墨西哥。

在墨西哥，有一句古老的谚语："哪里有仙人掌，哪里就能居住。"在墨西哥人心目中，仙人掌全身都是宝。它的汁液，被称为"荒漠之泉"，清凉解渴；它的果实味甘汁多，既可以当水果吃，又可以熬糖、酿酒。

我国的沙漠属于温带沙漠。在西北新疆的沙漠中，生长着一种叫胡杨的神奇树木，被誉为"生后千年不死，死后千年不倒，倒后千年不朽"。

胡杨是一种生命力极强的树，耐寒、耐热、耐干旱、耐盐碱。胡杨之所以能在沙漠中生存，得归功于它特别发达的根系，根系可以扎到10米以下的地层中吸取地下水。另外，其体内还能储存大量的水分，抵御干旱。胡杨的细胞有特殊的机能，当体内的盐碱浓度过多时，就能通过树干或树叶，把多余的盐碱排出体外。

　　胡杨一生都在顽强地同风沙做斗争。它们甘居荒漠，以粗壮的躯干阻挡着流沙，抵御了寒风，保卫了绿洲，维护了干旱地区的生态平衡，被誉为"沙漠勇士"。

　　如果大家有机会，可以去新疆看看美丽的胡杨林。它们在风沙肆虐、烈日似火、寒风如割的茫茫沙漠中挺直脊梁，张开枝杈，豪气冲天，不为环境忧伤，不为生态惆怅，诠释了生命的价值和力量。

⑤ 沙尘暴也有好处？

1200多年前开春后的一天，正是我国的唐代，一位名叫李益的诗人路过陕西破讷沙漠，恰好遇上了沙尘暴。一时间，狂风怒号，黄沙漫天，沙尘铺天盖地而来。于是诗人写下了"眼见风来沙旋移"的诗句，描绘了当时的震撼场景。仅一个"旋"字，足见当时沙尘暴来势之猛烈。

又过了几百年，到了南宋理宗绍定六年，甘肃、内蒙古一带有"癸巳十二月，大风霾，凡七昼夜"的记载。这是一场持续长达七天七夜的强沙尘暴，可见在古代沙尘暴就已经来势非常凶猛了。

沙尘暴产生于干旱和半干旱地区。那里日照强烈、干旱少雨、植被稀少，土地表面非常干燥松散。当有大风刮过时，就会有大量沙尘被卷入空中，从而形成沙尘暴。

能够形成沙尘暴的大风，一般都在8级以上。强烈的狂风裹挟着巨量的沙尘疯狂地向前推移，沿途能够拔起或者折断树木，毁坏房屋建筑，掀翻车辆，摧毁各种设施，伤害人畜；沙尘落地，还会埋压农田、建筑、道路、水源，造成人员和财产损失。因此，沙尘暴被称为"陆地台风"。

据报道，2006年4月，沙尘暴席卷北京，短短两天之内，就在北京降下了33万吨尘土。道路建筑、花草树木都蒙上了一层黄色的尘土。如果把这些尘土集中起来运走，需要装满几万辆大卡车才行。

因此，不少人"谈沙色变"，逐渐意识到了土地沙漠化的危害，开始植树造林、防风固沙，保护生存环境，科学地减少因沙尘暴带来的损失。

其实，沙尘暴这一路长途跋涉下来，也会给沿途带来不少"特产"——各种矿物质和有机物的土壤。

科学家发现，南半球澳大利亚的赤色沙尘暴，其中携带的大量特质喂养了南极附近大量的浮游生物，这些浮游生物吸收了大量二氧化碳，从而减缓了温室效应。此外，它还肥沃了临近新西兰的土地。而起源于我国西北部的沙尘暴，一路向东吹向了西太平洋，肥沃了沿途的太平洋群岛，甚至包括夏威夷群岛。

更让人意想不到的是，沙尘暴每年从非洲撒哈拉沙漠带走约1300万吨的沙尘，一路漂洋过海来到南美洲的亚马孙盆地。为当地每公顷热带雨林增加了190千克土壤，间接造就了这一地球上最大的"绿肺"。

沙尘暴携带的碱性尘土，还能有效中和沿途的酸性土壤和酸

雨。可以说，沙尘暴是自然生态系统所不能或缺的部分。也许，它是地球为了应对环境变迁的一种症候，也许，它还有其他的好处等待我们去发现呢。

第七章　地　貌

1 黄土高原是如何形成的？

"黄天厚土大河长，沟壑纵横风雨狂。

千古轩辕昂首柏，青筋傲骨立苍莽。"

在长城以南，秦岭以北，祁连山乌鞘岭以东，太行山以西的一大片区域，分布着世界上面积最广、堆积厚度最大的连片黄土，这就是举世闻名的"黄土高原"。

科学家们普遍认为，黄土高原的黄土来源于亚洲中部和我国西北部的干旱地区。

前面提到的"陆地台风"——沙尘暴，将那里的沙尘吹起，向东南飞扬，在南面遇到高大的秦岭阻隔，在东面又受到了巍峨的太行山脉拦截，风势减弱，尘土降落到地面，经过千百万年的堆积，黄土的厚度达到几十米甚至上百米，形成了独具一格的黄土高原。而黄河冲刷黄土高原不断带走的土壤，逐渐在下游积淀，对华北平原的形成做出了不可磨灭的贡献。没有黄土高原，就不会有华北平原。从这个角度来说，是沙尘暴孕育了黄土高原，也间接地造就了起源于黄河流域的五千年的中华文明。

由于缺乏植被保护，加上夏季雨水集中，黄土高原的土地在流水的侵蚀下被分割得支离破碎，形成了沟壑密布的地貌。黄河在穿越黄土高原时，把大量的疏松的泥沙带了下来，"一碗水半碗沙"，自己也被染成了黄色，成为名副其实的"黄色的河"。

据统计，黄土高原每年都会被黄河带走约 16 亿吨泥沙，是中国乃至全世界水土流失面积最广、流失强度最大的区域。

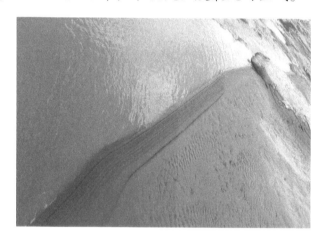

实际上，除了自然原因，人类活动尤其是不合理的土地利用，也加速造成了目前黄土高原千沟万壑的境况。科学发现，在距今4000 ～ 8500 年前，黄土高原是一片沃土，那时气候湿润，森林茂密。人类在黄土高原大面积开荒耕种，曾经遍布的森林被砍伐一空，植被遭到严重破坏，生态越发恶劣，土壤越发贫瘠，水土流失越发严重。随着西部地区气候的大幅变化，最终形成了今天的局面。可以说，现代黄土高原的土壤侵蚀是自然侵蚀基础上的人为加速侵蚀。

而水土流失产生的大量泥沙输入黄河下游，逐渐淤塞河道，抬高河床，不但在历史上不断迫使黄河改道，还引发了连年的洪水灾害，造成了巨大的人员和财产损失。

从20世纪50年代开始，人们在黄土高原上增加了植被种植面积，有效地减少了黄河泥沙，黄土高原土壤侵蚀的防治取得了巨大成就。然而，要想根本改变黄土高原的面貌，还需要持续不断地努力。

② "火焰山"真的存在吗？

《西游记》里有这么一个故事，唐僧师徒四人，一路跋涉，风尘仆仆，要去西天求取真经。走着走着，逐渐觉得热气袭人，难以忍受。那时正值秋天，大家感到很奇怪。一打听才知道前面有座火焰山，方圆八百里寸草不生，是个绝地。只有向牛魔王之妻铁扇公主借芭蕉扇将熊熊烈火扇灭后方能前行。

虽然《西游记》只是一个神话传说，但在我们的现实世界中，"火焰山"还真的存在！

这座火焰山位于新疆吐鲁番东北部，东西走向，长 98 千米，宽 9 千米，主峰海拔 831.7 米。维吾尔语称之为"克孜勒塔格"，意思是"红山"，唐代人因其炎热曾将其命名为"火山"。那里是全国最热的地方之一，每当盛夏，山体在烈日照射下，炽热气流滚滚上升，赭红色的山体看似烈火在燃烧。地表最高温度高达 70 ℃以上，挖开沙子就可以烤鸡蛋。

除了新疆的"火焰山"，还有不少山红得像火。

在广东韶关，有一个方圆 290 平方千米的红色山群，"色如渥丹，灿若明霞"。那里的山峰、山崖、山谷处处呈现出鲜艳的红色。夕阳西下之时，红色沙砾岩构成的丹霞山更是美不胜收，令人陶醉。

丹霞山地貌的发育，始于第三纪晚期的喜马拉雅造山运动，它使部分红层变形，并将盆地抬升。红色地层沿着垂直节理受到流水、重力作用、风力作用等侵蚀，形成深沟、残峰、石墙、石柱、崩积锥，以及石芽、溶洞、漏斗、石钟乳等地貌形态。

1928年，我国地质地貌学家冯景兰意识到这是一种独特的地貌景观，并把形成丹霞地貌的红色沙砾岩层命名为丹霞层，此后又有多人对其概念进行阐述和完善。丹霞山也因此成为全世界同类特殊地貌和风景名山的代名词。

丹霞地貌是由巨厚的红色沙岩、砾岩组成的方山、奇峰、峭壁、岩洞和石柱等特殊地貌的总称，以中国的分布为最广。除了广东的丹霞山，贵州赤水、福建泰宁、湖南崀山、江西龙虎山、浙江江郎山，都是典型的丹霞地貌。2010年，这六处统一以"中国丹霞"为名，经联合国教科文组织世界遗产委员会批准，被正式列入《世界遗产名录》。

丹霞地貌区奇峰林立、景色瑰丽，旅游资源丰富。目前，我国177处国家级风景名胜区中，就有27处全域或局部由丹霞地貌构成。大家有机会一定要去体验和领略一下这一特殊地貌。

3 沙漠里有"魔鬼城"吗?

沙漠一直被称为是最神秘的地方。

很多人在沙漠中经历过"海市蜃楼"的现象。天空中突然出现高大的楼台、城郭、树木甚至古人物的幻景,让人惊奇万分。现在,人们都知道,海市蜃楼是一种因为光的折射和全反射而形成的自然现象,是地球上物体反射的光经大气折射而形成的虚像。可是在古代,尤其是在西方神话中,蜃景被描绘成魔鬼的化身,是死亡和不幸的凶兆。

除了光线会"作怪",沙漠里还有"魔鬼城"。

新疆准噶尔盆地西北部的乌尔禾地区,维吾尔族人称之为"沙依坦克尔西",意思是"魔鬼城"。关于它还有一段如下的传说。

传说这里原来是一座雄伟的城堡,人们勤于劳作,过着丰衣足食的生活。然而,伴随着财富的聚积,邪恶逐渐占据了人们的心灵。为了争夺财富,城里到处充斥着尔虞我诈与流血打斗。天神为了唤起人们的良知,化作一个衣衫褴褛的乞丐,告诫人们,是邪恶使他从一个富人变成乞丐。然而这些话非但没有奏效,反而遭到了人们的辱骂和嘲讽。天神一怒之下把这里变成了废墟,所有的人都被压在废墟之下。每到夜晚,亡魂便在城堡内哀鸣,希望天神能听到他们忏悔的声音……

如今,在"废墟"方圆十余平方千米之内,纵横交错的干谷就像"街道",而两侧形状各异的岩石墩台随意地组合,形似亭台、楼阁、祭台、宝塔等，就像一座荒无人烟、被遗弃的城市。

风沙袭来时，天昏地暗，狂风穿行其间，发出恐怖的呼啸，如同鬼哭狼嚎一般，令人毛骨悚然。夜幕降临时，"建筑物"披上一层寒冷的月光，景象真像一座变幻莫测的幽灵城市。

光怪陆离的现象、古老的民间传说，吸引了无数勇敢的科考人员前来揭开"魔鬼城"神秘的面纱，探寻大自然的奥秘。

1900年，瑞典探险家、地理学家赫定到那里考察，终于将"魔鬼城"的真相大白于天下。原来，这是一种独特的"雅丹地貌"。亿万年前，这里曾是一个巨大的湖泊，随着地层整体的上升，缓慢地变成戈壁台地，松软的泥岩不断受到暴雨冲刷、骄阳暴晒、大风吹刮，不断风化剥蚀，最终塑造成了现在千奇百怪的形状。

除了乌尔禾的"魔鬼城"，新疆还有白龙堆和三龙沙，都是世界著名的雅丹地貌代表。大家可以前往一探究竟。

④ 为什么说桂林的"山"离不开"水"？

都说"桂林山水甲天下"。

有人曾经这样描述过桂林的山：桂林的山是又奇又秀又险，说它奇，是一座座拔地而起，各不相连，像老人，像巨象，像骆驼，奇峰罗列，形态万千；说它秀，像翠绿的屏障，像新生的竹笋，色彩明丽，倒映在水中；说它险，是危峰兀立，怪石嶙峋，好像一不小心就会栽倒下来。

造就这样奇特景观的原因在于，桂林周边的岩石都是石灰岩，也就是碳酸盐岩。这是一种非常容易被流水溶蚀的岩石。在含有二氧化碳的水的作用下，岩石中的碳酸钙会溶解于水。

随着时间的推移，岩石就会被流水塑造成不同的形状。于是，桂林就有了猫儿山、尧山、独秀峰、象山、叠彩山、伏波山、西山、虞山、南溪山、月牙山、普陀山……

流水还会溶蚀出大量的洞穴。水流在石灰岩的缝隙中流动，不停地溶解并带走其中的岩石物质。时间长了，不同的洞穴便会连接起来，甚至形成一座座"地下迷宫"。

漓江的水，蜿蜒曲折，明洁如镜；桂林的山，平地拔起，千姿百态；山多有洞，洞幽景奇；洞中怪石，鬼斧神工，琳琅满目，于是形成了"山青、水秀、洞奇、石美"的"桂林四绝"。

人们在赞美"舟行碧波上，人在画中游"的秀丽风景之余，不禁也要惊叹大自然的鬼斧神工。

可以说，桂林的山和水是连在一起的，山离不开水，水离不开山，否则桂林山水都不能"甲天下"。

科学家把石灰岩形成的地貌类型称为"喀斯特地貌"，也可以称作岩溶地貌。

距今400年前的徐霞客，可以说是世界上最早考察研究喀斯特地貌的人。他在著名的《徐霞客游记》里把喀斯特地区的山称为"石山"，而把非喀斯特地区的山称为"土山"。石山、土山主要是由岩石性质决定的。构成石山的岩石主要是可溶性的碳酸盐岩层，即石灰岩和白云岩。土山岩石主要由难溶的沙岩、页岩构成，还有各种火成岩、变质岩等。

我国的喀斯特地貌区域很大，约占国土面积的1/10。其中以广西、贵州和云南东部所占的面积最大，是世界上最大的喀斯特区之一。桂林就处于其中，因此，就具有了这种地貌独特的美景。喜欢的朋友不妨去看看。

⑤ 沙滩是怎么形成的？

现在，越来越多的人会选择去海边休闲度假。所谓"面朝大海，春暖花开"。海边气候一般四季不分明，夏无酷热，冬无严寒，平均气温高，温差较小，光、热、水资源丰富。碧海蓝天和金黄色的沙滩在灿烂的阳光下相映成辉。当人们从乏味紧张的环境中来到这里时，很自然地会感到舒适，身体和精神都会得到放松。

全世界不少海边度假胜地都因为拥有美丽整洁的沙滩而闻名于世。"脚踏细沙，眼看大海；晨风照面，舒爽怡人；海味入鼻，直动心灵。"沙滩总是令人向往。

之前我们提到过，受到干旱的气候影响，地球上的沙地沙漠大多是在大陆的内部。而海边气候湿润，怎么会有那么多沙子，还形成了沙滩？

我们知道，海水处在不停地运动中。海浪和潮水不断地冲击着海岸上和海底的岩石，依靠自身的动力，进行摩擦、拍打，使岩石破碎，成为小沙粒。同时，河流中的水夹杂着大量的泥沙，也在一刻不停地流向大海。

这些小沙粒在水中以悬浮物或者移动底沙的形式存在着，在海浪的搬运下，逐渐在平缓的海岸边开始沉积，最终形成沙滩。

其实，除了海边，一些大型的湖泊也会在湖岸边形成沙滩，如湛江东海岛的龙海天沙滩。

兴凯湖位于黑龙江省密山市，是中俄两国的界湖。国界线从湖中间穿过，其北部 1/3 的面积属于中国，南属俄罗斯。俯瞰兴凯湖，其形状就像一个巨大的宝葫芦，面积相当于 78 个杭州西湖。2001 年，兴凯湖被国际湿地公约组织列入《国际重要湿地名录》。那里烟波浩渺，天水一色，横无际涯，气势磅礴。

如今的兴凯湖已经成为一个旅游休闲的热门景区。近百千米的湖岸全是细软的金沙滩，沙质很好，细腻柔软。据说，即使走出百米，水位也不过到大人的腰部，素有"东方夏威夷"的美称。所以，每年的七八月份，众多游客纷纷到这里避暑戏水、消夏。

说到这里，大家是不是已经开始心动了？那就出发吧！戴上墨镜，穿上泳衣，一起享受大自然赋予我们的美好风光吧！

参考文献

[1] 孙英杰. 环境保护知识丛书·土壤污染退化与防治：粮食安全，民之大幸 [M]. 北京：冶金工业出版社，2011.

[2] 谢俊奇，郭旭东，李双成. 土地生态学 [M]. 北京：科学出版社，2014.

[3] 陈健飞. 生态文明知识科普丛书：美丽中国之健康的土壤 [M]. 广州：广东科技出版社，2013.

[4] 高士其. 我们的土壤妈妈（新版）[M]. 武汉：长江少年儿童出版社，2015.

[5] 韩启德，孙立广. 十万个为什么：地球 [M]. 6 版. 北京：少年儿童出版社，2016.

[6] 褚君浩. 十万个为什么：能源与环境 [M]. 6 版. 北京：少年儿童出版社，2016.